RECHERCHES SUR L'ILLUMINATION DES CORPS TRANSPARENTS;

PAR M. A. LALLEMAND.

DEUXIÈME MÉMOIRE.

Tous les phénomènes d'illumination que j'ai décrits et analysés (¹) s'expliquent aisément, si l'on admet que, lorsque la lumière solaire naturelle ou polarisée traverse un corps transparent, le mouvement vibratoire de l'éther, en pénétrant dans le milieu, éprouve une résistance et subit une sorte de réflexion moléculaire ou diffusion interne, en vertu de laquelle les vibrations se propagent latéralement, de telle sorte que, suivant une direction quelconque oblique au rayon incident, le mouvement de la particule éthérée représente la projection de celui qui anime l'éther sur le trajet du faisceau lumineux; et si, d'un autre côté, on admet encore que les molécules du milieu, en absorbant une partie de la force vive de l'éther, vibrent à leur tour et propagent dans le fluide éthéré les vibrations complexes qui constituent la lumière naturelle. L'illumination résulte donc de deux effets superposés, et la lumière qui la compose est formée de deux espèces de rayons : les uns, toujours de même réfrangibilité que les rayons incidents, sont ou partiellement, ou complétement polarisés, suivant que le faisceau incident est neutre ou polarisé; les autres, dont la longueur d'onde est souvent supérieure à celle des rayons excitateurs et jamais inférieure, ont les caractères de la lumière naturelle, et déter-

(¹) *Annales de Chimie et de Physique*, 4ᵉ série, t. XXII.

minent une propriété générale des corps que l'on a appelée *fluorescence*. Chez les corps opaques, cette propriété intervient et joue le rôle principal dans la couleur propre du corps.

J'ai déjà rapporté dans mon premier Mémoire quelques expériences photométriques destinées à vérifier ce point de vue; elles sont relatives au cas où le corps transparent est illuminé par de la lumière polarisée. Lorsqu'il est au contraire éclairé par de la lumière naturelle, s'il n'était pas fluorescent, la polarisation serait totale, lorsqu'on vise normalement au faisceau incident dans un plan quelconque passant par son axe, et la proportion de lumière polarisée devrait varier comme le sinus carré de l'angle que fait le rayon visuel avec l'axe du faisceau, si l'on admet, comme je l'ai dit plus haut, que la trajectoire d'une particule éthérée sur la ligne de visée n'est autre chose que la projection du cercle enveloppe de toutes les ellipses à orientation variable qui représentent le mouvement de l'éther dans un rayon de lumière naturelle. J'ai pensé qu'il ne serait pas inutile de vérifier cette loi par des essais photométriques, car ce serait une nouvelle justification expérimentale de l'hypothèse de Fresnel sur la direction du mouvement vibratoire dans un rayon polarisé.

La vérification de cette loi ne présenterait aucune difficulté si la fluorescence inévitable du corps transparent ne venait ajouter à l'illumination une proportion constante, il est vrai, de lumière neutre, mais dont il faut tenir compte : dans ce but, j'ai simplifié le photomètre dont j'avais fait usage. La nouvelle disposition que je vais décrire, applicable d'ailleurs à tous les cas, rend les observations plus rapides et n'exige pas que la lumière solaire conserve longtemps une intensité constante, condition à laquelle j'avais pu m'astreindre sous le climat de Montpellier, mais qui devient impossible sous un climat brumeux, où, par un ciel en apparence serein, d'invisibles cirrhus font souvent varier l'intensité lumineuse du Soleil dans de très-grandes proportions.

Le photomètre (*fig.* 1), qui ne diffère pas essentiellement de celui que j'ai déjà décrit, se compose d'un tube coudé ABCL; la partie AB porte deux nicols, N mobile au centre d'un cercle gradué et N' fixe. Quand l'alidade du premier est à zéro, leurs sections principales coïncident.

Fig. 1.

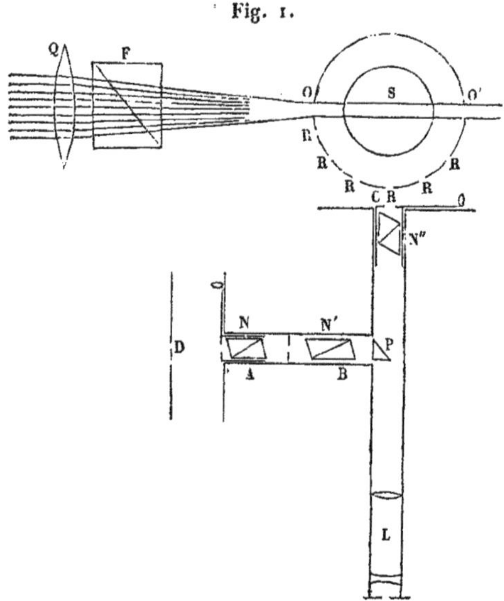

La lumière de comparaison, une petite lampe à modérateur, est placée au-devant du nicol N et en est séparée par un large écran D portant un diaphragme rectangulaire. L'extrémité C du tube CL porte un troisième nicol N'', mobile lui aussi au centre d'un cercle gradué; l'œil vise au travers de la lunette L et du nicol N'', le centre d'un ballon sphérique à mince paroi renfermant le liquide illuminé, en même temps qu'il reçoit par réflexion totale sur l'hypoténuse du prisme P la lumière de comparaison. Le ballon est entouré d'une enveloppe cylindrique noircie portant, sur une circonférence située à la hauteur du centre du ballon, deux ouvertures circulaires opposées O et O' par où passe le faisceau lumineux que concentre la lentille Q. Quelques ouvertures rectangulaires RR..., de même grandeur que celle du diaphragme D, servent à viser au centre S du ballon dans différentes directions horizontales. Le support du photomètre est fixé à une règle en bois qui, en glissant sur la table d'expérimentation, pivote sur la verticale passant par le centre du ballon, de telle sorte que la ligne de visée du photomètre est toujours dirigée vers ce centre.

Voici comment s'effectue l'observation. On fait coïncider les sections principales des deux nicols N et N', et l'on rend verticale celle du prisme N''; dans ces conditions, on égalise la lumière de comparaison avec celle du liquide illuminé. Cela fait, éteignons la portion de lumière polarisée qu'émet le liquide, en tournant de 90 degrés le nicol N'' pour rétablir l'égalité des lumières; il suffit alors de tourner d'un certain angle le nicol mobile N qui sert à faire varier la lumière de comparaison.

Soient α et α' les angles de rotation du nicol N qui ont rétabli l'égalité des images quand on vise le faisceau, d'abord normalement, puis suivant une direction faisant un angle aigu ω avec l'axe du faisceau illuminant. Si l'on appelle f la proportion de lumière fluorescente et m l'intensité de la lumière polarisée émise dans une direction normale, on aura les deux égalités suivantes :

$$\frac{f}{m+f} = \cos^2\alpha, \qquad \frac{m\cos^2\omega + f}{m+f} = \cos^2\alpha';$$

remarquons qu'on peut supposer $m = 1$, et que les deux termes du second rapport devraient être multipliés par un même facteur, variable avec ω, puisque la lumière émise varie avec la profondeur du filet lumineux, et que celle-ci change avec l'inclinaison; en éliminant f entre ces deux égalités, il vient

$$\sin\alpha' = \sin\alpha\sin\omega.$$

J'ai vérifié cette relation en remplissant successivement le ballon avec de l'alcool et de l'hydrure d'hexyle très-purs. Le prisme p du photomètre peut être déplacé dans deux directions rectangulaires, de manière à amener les images des deux diaphragmes à être presque contiguës. Pour apprécier l'égalité des deux lumières avec exactitude, il est indispensable de réaliser l'identité des teintes des deux images; sans cette condition, toute vérification devient illusoire; il est même nécessaire que le diaphragme éclairé par la lampe présente une apparence estompée, bien uniforme, comme celui qui reçoit la lumière du liquide : on y arrive en recouvrant le diaphragme D d'une glace rendue translucide par une mince couche de cire blanche ou de paraffine. La lumière artificielle a toujours une teinte jaune que l'on donne à l'illumination, en plaçant sur le trajet des rayons incidents un verre de cette couleur, ou mieux encore une auge étroite qu'on remplit d'une dissolution de bichromate de potasse convenablement diluée.

La lumière solaire, qui constitue le faisceau incident, est réfléchie par le miroir argenté d'un héliostat qui lui communique une très-faible polarisation elliptique. Ce n'est donc pas de la lumière naturelle sur laquelle on opère, et il serait inutile de tenter l'expérience avec la lumière électrique, dont l'intensité est sujette à trop de variations brusques. J'ai cherché à remédier à cet inconvénient qui d'ailleurs n'influe pas d'une manière bien sensible sur les résultats, en disposant sur le trajet des rayons solaires une lentille de quartz perpendiculaire et en les concentrant avec une lentille de quartz de même rotation. Dans les deux cas, les nombres obtenus sont restés dans les limites d'erreur que comportent les déterminations photométriques.

En dirigeant le photomètre normalement au faisceau, c'est-à-dire pour $\omega = 90°$, la valeur moyenne de α résultant d'un grand nombre d'essais est de 66°22′ pour l'alcool, et 71°56′ pour l'hydrure d'hexyle. En faisant varier ω, j'ai obtenu pour α' les valeurs moyennes suivantes, en regard desquelles j'indique la valeur calculée par la formule précédente.

	Alcool.		Hydrure d'hexyle.	
	Trouvé.	Calculé.	Trouvé.	Calculé.
	° ′	° ′ ″	° ′	° ′ ″
$\omega = 90$	$\alpha =$ 66.22	» » »	71.56	» » »
70	58.35	59.24.56	61.56	63.17.56
60	53. 8	52.30.13	54. 4	55.25. 9
45	39.18	40.22.33	41.28	42.14.25
30	26. 2	27.15.44	27. 5	28.22.56

Les nombres précédents ont été obtenus en plaçant le photomètre dans le quadrant qui contient le rayon incident; quand on le dirige du côté du rayon émergent, les valeurs trouvées sont en général plus fortes que les valeurs calculées, surtout pour les plus petites valeurs de ω, ce qui indique que le rapport $\frac{f}{m}$ diminue quand la ligne de visée fait un angle de plus en plus petit avec le rayon émergent; c'est ce que j'avais constamment observé dans mes premiers essais, en opérant avec de la lumière polarisée; ce résultat tend à prouver que l'intensité de l'illumination proprement dite, au lieu d'être constante comme la fluorescence dans toutes les directions, varie d'une manière sensible et augmente à mesure qu'on l'observe dans une direction plus rapprochée du faisceau émergent.

Illumination des corps cristallisés. — Les corps transparents cristallisés se comportent comme les milieux isotropes, et s'illuminent comme eux sur le trajet du rayon solaire; il en est pourtant, comme le spath et le quartz, qui exigent une plus forte concentration des rayons solaires et une très-grande pureté. Pour réussir cette expérience, il faut concentrer un large faisceau avec une lentille de quartz, de 35 à 45 centimètres de foyer, et placer à la suite de la lentille un large prisme de Foucault à faces normales. Si la lumière ainsi concentrée traverse le quartz, soit à l'état de rayon ordinaire, soit à l'état de rayon extraordinaire, on observe dans le plan de polarisation une traînée blanche bien visible qui s'éteint complétement avec un nicol. En visant dans une direction normale au plan de polarisation, l'illumination est nulle, on n'observe pas la moindre trace de fluorescence. Quand le rayon polarisé traverse le quartz suivant l'axe optique, la dispersion du plan de polarisation a pour effet de donner une illumination égale autour du rayon, et la polarisation n'est complète que suivant une direction normale au faisceau. On devrait observer dans ce cas une illumination chromatique semblable à celle du sirop de sucre et de toutes les solutions à pouvoir rotatoire; mais avec le quartz elle n'est pas manifeste. On sait, en effet, que les teintes mixtes très-affaiblies affectent toutes une teinte grise uniforme que l'œil ne saurait distinguer.

Le sel gemme bien pur s'illumine plus vivement que le quartz et, comme lui, il n'est pas fluorescent. Le sel gemme et le quartz sont du reste les deux seuls milieux transparents où je n'aie pu observer ce phénomène si général de la fluorescence. Il n'en est pas de même du spath d'Islande : tous les échantillons étudiés s'illuminent en rouge orangé avec plus ou moins d'éclat; mais cette illumination colorée est la même dans le plan de polarisation et normalement à ce plan; elle ne s'éteint pas avec un nicol, quand les rayons émis qui subissent nécessairement la double réfraction restent superposés. Cette lueur rouge orangé est uniquement due à la fluorescence, et l'illumination polarisée, semblable à celle du quartz, n'est pas appréciable. Lorsque le faisceau incident n'est pas polarisé, et traverse le rhomboèdre de spath de manière à donner deux faisceaux bien séparés, la fluorescence développée par le rayon ordinaire paraît plus vive et d'un rouge plus foncé que celle du rayon extraordinaire; c'est du moins ce que j'ai observé sur deux échantillons dont la fluorescence était forte. J'ai répété cette expérience en faisant passer un rayon polarisé dans un cube de spath et dans une direction perpendiculaire à l'axe. On peut alors, par une simple rotation du polariseur, rendre le rayon ordinaire ou extraordinaire. Dans ces conditions, je n'ai pas remarqué un changement bien sensible dans l'intensité de la lueur rouge orangé.

Il est rare de trouver des échantillons de spath chez lesquels un faisceau de rayons solaires ne trahisse pas quelque fente de clivage qui rend les observations de cette nature très-difficiles.

Quoi qu'il en soit, les expériences précédentes ne font que confirmer, par une autre méthode, les observations de M. Edmond Becquerel, qui avait déjà reconnu avec le phosphoroscope la fluorescence du spath.

Le spath fluor bien transparent et incolore réunit avec plus d'intensité les deux propriétés distinctes du quartz et du spath; il donne une illumination blanche très-vive dans le plan de polarisation, et une fluorescence violet indigo dans la direction perpendiculaire; cette fluorescence, comme pour le spath d'Islande, est due particulièrement aux rayons les plus réfrangibles du spectre, mais la fluorine possède aussi une faible fluorescence isochromatique pour les rayons rouges, jaunes et verts.

Ces trois corps cristallisés, quartz, spath et fluorine, représentent, au point de vue de l'illumination, trois types auxquels on peut rapporter tous les corps transparents. Pour ne citer qu'un exemple non encore remarqué, la naphtaline pure fondue, ou bien en dissolution dans l'alcool et l'éther, possède une fluorescence quinique d'un bleu indigo très-vif. L'analyse spectrale de cette lumière donne une bande bleue très-intense, s'étendant de la raie G à la raie H par comparaison avec un spectre solaire, et dominant les autres couleurs du spectre qu'elle contient aussi; le cyanogène liquide et très-pur est de même fluorescent en bleu clair, et il donne lieu à des remarques analogues.

Je ne quitterai pas ce sujet sans faire mention des effets curieux qu'on obtient avec des cubes ou parallélépipèdes de verre trempé. Le filet de lumière polarisée qui les traverse donne une trace lumineuse blanche et partiellement polarisée en certains points, tandis qu'en d'autres points elle est neutre au polariscope et colorée en vert jaunâtre ou vert bleuâtre, suivant la fluorescence du verre employé. Sans entrer dans plus de détails, on voit que ces effets dépendent de la double réfraction que subit le rayon lumineux et de la direction du plan de polarisation du faisceau illuminant qui modifie les apparences observées, quand on change sa direction en faisant tourner lentement le polariseur.

Polarisation et fluorescence de l'atmosphère.

Les études que j'ai faites à ce sujet conduisent à considérer le phénomène de la polarisation atmosphérique comme un cas particulier de l'illumination des corps transparents par la lumière naturelle; il ne s'observe en effet que lorsque l'air est directement éclairé par les rayons solaires, formant alors un large faisceau au bord duquel l'observateur se trouve placé. Tous les physiciens ont pu constater après Arago que la polarisation est maximum dans un plan normal au rayon solaire, et décroît à mesure que la ligne de visée s'éloigne de ce plan. D'un autre côté, la proportion de lumière polarisée devrait varier comme le sinus carré de l'angle aigu que fait le rayon visuel avec la direction du rayon solaire, et resterait constante quand le polarimètre est dirigé suivant les diverses génératrices d'un cône droit dont l'axe est le rayon solaire lui-même, ce que l'expérience est loin de vérifier; mais il faut tenir compte de la variation de densité avec la hauteur, de l'impureté des couches inférieures de l'atmosphère et des réflexions diffuses ou spéculaires qui se produisent sur les particules solides ou liquides qu'elle tient en suspension. Ces particules, qui interviennent dans la formation des points neutres, comme je l'indiquerai tout à l'heure, n'ont aucune influence sur le phénomène principal de la polarisation atmosphérique. Il suffit, pour arriver à cette conviction, de remarquer que, lorsqu'une étroite ouverture se produit au sein d'épais nuages enveloppant tout l'horizon, le ciel, à travers cet hiatus, est aussi fortement polarisé que par un temps serein; et pourtant, dans ce cas particulier, l'illumination polarisée est due aux couches d'air pur situées au delà des nuages. Il en est de même quand le ciel est entièrement voilé par de légers cirrhus; le polariscope accuse encore une polarisation énergique, alors que la couche d'air subnébuleuse n'est pas directement éclairée par les rayons solaires et ne donne aucun signe de polarisation quand on regarde les objets terrestres éloignés. D'un autre côté, il arrive souvent qu'un nuage isolé, bas et épais, ne donne que de très-faibles signes de polarisation, et quelquefois même n'en donne aucune trace, bien que la couche d'air qui le sépare de l'observateur soit directement illuminée et se trouve dans une position favorable.

On est donc conduit à admettre que la polarisation atmosphérique est un phénomène de dissémination moléculaire semblable à celui que nous offre un liquide illuminé par la lumière naturelle. A ce point de vue, la lumière atmosphérique polarisée devrait être blanche, et c'est en effet ce qu'indiquent les couleurs complémentaires du polariscope à lunules. Lorsque les deux images sont en partie superposées, elles reproduisent de la lumière qui, par contraste, paraît sensiblement blanche. Jusqu'ici pourtant, les physiciens, avec Arago, ont regardé le bleu du ciel comme étant polarisé. Il devrait alors se partager inégalement entre les deux images, suivant la position de l'analyseur, et les couleurs complémentaires du quartz différeraient beaucoup dans certains cas de celles qu'il donne avec la lumière blanche. Or il n'en est pas ainsi : on le vérifie aisément avec un polariscope dirigé vers une partie du ciel dont la teinte bleue est intense, et un polarimètre d'Arago qui vise au travers d'un long tube dans une région nuageuse dont on polarise partiellement la lumière avec la pile de glaces, de manière à réaliser des conditions identiques. Si les quartz des deux instruments proviennent d'une même lame subdivisée et ont par conséquent des épaisseurs égales ; si, en outre, les sections principales des deux prismes analyseurs sont également inclinées sur le plan de polarisation de la lumière incidente, de manière à donner des teintes identiques quand les deux appareils visent au même point, on reconnaît alors que les teintes de la double image sont différentes dans les deux appareils, et, pour les identifier, il suffit de placer devant l'œil qui regarde au travers du polarimètre le nuage incolore un verre coloré en bleu clair, ou mieux encore une auge étroite renfermant un liquide bleu, tel que le sulfate de cuivre, dont on peut graduer la teinte par dilution. Lorsqu'à l'aide de cet artifice l'identité de couleurs a été réalisée, elle se maintient pour toutes les nouvelles positions que l'on donne aux deux analyseurs. Le bleu du ciel est donc neutre et se partage également entre les deux images.

Il faut, sans doute, attribuer la couleur bleue de l'atmosphère à un phénomène de fluorescence quinique ou hypochromatique, c'est-à-dire avec changement de réfrangibilité, due à une absorption partielle des rayons violets. Un grand nombre de liquides incolores et de solutions salines possèdent à des degrés divers cette espèce de fluorescence qu'on observe aisément avec des rayons ultra-violets polarisés, ou plus simplement encore en observant avec un biprisme de Biot et dans une direction normale au faisceau le liquide illuminé par de la lumière naturelle. Lorsque la section principale du prisme est normale au filet lumineux, l'image extraordinaire ne s'éteint pas complétement et renferme toujours la moitié de la lumière neutre due à la fluorescence. Cette image est souvent colorée en bleu clair, et cette nuance persiste, et le plus souvent s'accentue davantage, quand on interpose sur le trajet du faisceau solaire un verre violet foncé. On reconnaît ainsi que la fluorescence quinique est une propriété presque générale des substances incolores et diaphanes. Elle est énergique, par exemple, dans les sels d'alumine les plus purs en solution aqueuse, plus faible, quoique facilement observable, dans les sels ammoniacaux. On ne saurait nier d'ailleurs le pouvoir absorbant de l'atmosphère pour les rayons chimiques.

M. Roscoë, en particulier, a prouvé combien le Soleil couchant est pauvre en rayons de cette espèce. Il serait difficile, pour le moment, d'apprécier le rôle que jouent dans cette absorption les divers éléments de l'air et la vapeur d'eau. Il est probable qu'un grand nombre de raies obscures du spectre chimique ont une origine tellurique. Une étude plus approfondie du spectre violet et ultra-violet nous édifiera peut-être un jour à cet égard.

Pour compléter cette théorie de la polarisation aérienne et de la couleur propre de l'atmosphère, il me reste à traiter la question des points neutres. Le premier, signalé par Arago, se trouve en moyenne à 150 degrés du Soleil, dans le vertical qui contient cet astre et l'œil de l'observateur; le second, observé pour la première fois par Babinet, est à 17 degrés environ du Soleil, dans le même plan et du même côté que le premier.

Je ne cite que pour mémoire un troisième point de

nulle polarisation, que Brewster aurait observé, à 8 degrés du Soleil, du côté opposé aux deux autres. Je n'ai pu, en aucune occasion, en constater l'existence.

La formation des points neutres est toujours liée à deux polarisations inverses, en deçà et au delà de chacun de ces points. Arago a reconnu, en effet, qu'au-dessous du point neutre l'air est polarisé dans un plan perpendiculaire à l'azimut solaire. J'ai pu vérifier qu'il en est toujours ainsi pour le point neutre de Babinet. Ce point ne se produit bien nettement que lorsque le Soleil est voisin de l'horizon, et si le polariscope est armé d'un biquartz à rotations opposées la sensibilité de l'instrument permet de reconnaître la polarisation inverse qui a lieu au-dessous de ce point.

La genèse des points neutres s'explique par l'intervention des poussières et corpuscules de toute nature qui abondent dans les couches inférieures de l'atmosphère. Supposons, pour plus de simplicité, le Soleil à l'horizon et l'observateur regardant du côté opposé dans une direction horizontale. D'après les lois de l'illumination, l'air, dans cette direction, devrait être neutre au polariscope. Mais la réflexion spéculaire, qui, sous diverses incidences, se produit à la surface des poussières atmosphériques, détermine la formation de deux faisceaux lumineux convergents et symétriques, par rapport au vertical qui contient le Soleil et l'observateur. Les rayons réfléchis qui composent ces deux faisceaux ont d'ailleurs des directions diverses, plus ou moins inclinées à l'horizon. La propagation latérale du mouvement lumineux, due à ces rayons ainsi déviés, ou, en d'autres termes, l'illumination qu'ils provoquent, a pour effet de donner une polarisation partielle horizontale aux couches d'air situées dans la région opposée au Soleil. A une certaine hauteur au-dessus de l'horizon et dans l'azimut solaire, l'illumination que déterminent les rayons directs engendre une polarisation verticale qui, à la hauteur de 30 degrés environ, annule la première et donne naissance au point neutre d'Arago. Dans le cas particulier que je considère, si l'on dirige le polarimètre successivement vers tous les points de l'horizon à partir du Soleil, on constate que l'air est toujours polarisé dans un plan horizontal, et que la proportion de lumière polarisée croît graduellement jusqu'à 90 degrés, pour décroître ensuite plus lentement, et rester sensiblement constante à partir de 160 degrés.

Le point neutre de Babinet est produit par la même cause et s'explique de la même manière. Le Soleil étant toujours supposé à l'horizon et le polariscope dirigé vers lui, les réflexions spéculaires formeront encore au-devant de l'observateur deux faisceaux convergents et symétriques par rapport à l'azimut solaire. Il est évident d'ailleurs que les rayons réfléchis par les poussières atmosphériques ne peuvent être efficaces et donner une illumination polarisée sensible que lorsque la réflexion s'opère sous de grandes incidences. Pour une incidence déterminée et dans une couche parallèle à l'horizon dont l'œil de l'observateur est le centre, les poussières réfléchissantes qui concourent activement à la production des deux points neutres sont réparties dans deux secteurs supplémentaires et inégaux. Le plus petit de ces deux secteurs est celui qui concourt à la génération du point neutre de Babinet; et j'avais d'abord supposé que c'était la cause qui déterminait l'inégale hauteur des deux points neutres au-dessus de l'horizon; mais, en essayant de calculer approximativement le rapport des quantités de lumière polarisée dans un plan normal à l'azimut solaire qui déterminent la formation des deux points neutres pour les comparer au rapport des quantités de lumière polarisée dans ce même azimut qui correspondent aux positions moyennes de ces deux points, j'ai reconnu que le premier rapport diffère très-peu de l'unité, tandis que le second, auquel il devrait être égal, a pour valeur très-approchée le rapport des sinus carrés de 30 et 17 degrés, lequel est sensiblement égal à 3.

Supposons, en effet (*fig.* 2), le cas théorique où les poussières sont uniformément distribuées dans un cercle horizontal dont l'œil est le centre et dont la circonférence limite l'atmosphère. Le Soleil étant situé dans la direction OS, tous les rayons incidents seront parallèles à OS. Soit CD la direction des rayons réfléchis faisant avec OS

Fig. 2.

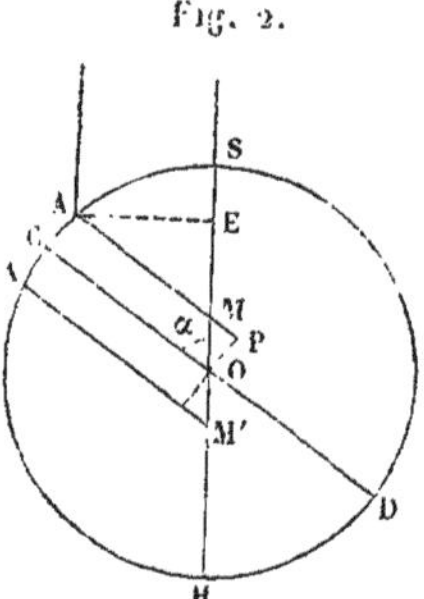

un angle COS $= \alpha$; ce qui revient à admettre que l'angle d'incidence est le complément de $\frac{\alpha}{2}$. En ne considérant qu'une moitié du cercle, les rayons réfléchis par les poussières contenues dans les secteurs supplémentaires COS et COH illumineront l'air des rayons OS et OH, et l'œil dirigé suivant OS ou OH recevra de la lumière polarisée dans un plan horizontal. Pour calculer approximativement les proportions de lumière polarisée reçue par l'œil dans les deux cas, soit M un point de OS qui reçoit les rayons réfléchis par les poussières distribuées sur AM parallèle à CD. Admettons que l'intensité de l'illumination en M soit proportionnelle au nombre des rayons solaires incidents, c'est-à-dire à AE, projection de AM sur une normale au rayon; posons OM $= x$, l'élément dx enverra en O une portion de lumière polarisée dont l'intensité variera en raison inverse du carré de la distance x; elle sera proportionnelle à $\sin^2 \alpha$, en vertu des lois de l'illumination, et à $AE = AM \sin \alpha$. Elle aura donc pour expression

$$\overline{AM} \sin^3 \alpha \frac{dx}{x^2}.$$

Si l'on considère le point M' situé sur OH à la même distance x du point O, il recevra les rayons réfléchis par les poussières distribuées sur M', et l'élément dx en ce point enverra en O une proportion de lumière polarisée qui aura de même pour expression

$$AM' \sin^3 \alpha \frac{dx}{x^2};$$

faisons le rayon du cercle égal à l'unité, on aura

$$AM = AP - MP = \sqrt{1 - x^2 \sin^2 \alpha} - x \cos \alpha,$$
$$M' = AP + MP = \sqrt{1 - x^2 \sin^2 \alpha} + x \cos \alpha;$$

les quantités de lumière envoyées au point O par les deux secteurs COS et COH, pour une valeur déterminée de α, seront données par les intégrales suivantes :

$$\sin^3 \alpha \int \frac{dx}{x^2} \left(\sqrt{1 - x^2 \sin^2 \alpha} \mp x \cos \alpha\right)$$
$$= \sin^3 \alpha \left[-\frac{\sqrt{1 - x^2 \sin^2 \alpha}}{x} - \sin \alpha \arcsin (x \sin \alpha) \mp \cos \alpha \, lx \right] + C.$$

Prenons ces deux intégrales entre les limites 1 et $\frac{1}{\delta}$, δ étant une quantité très-grande, puisque $\frac{1}{\delta}$ représente, si l'on veut, la longueur du polariscope, laquelle est très-petite comparée au rayon du cercle que nous avons supposé égal à l'unité. Ce cercle représente d'ailleurs toute la partie de l'horizon aérien qui contient les particules réfléchissantes. Nous avons admis que ces particules étaient uniformément distribuées, ce qui est bien éloigné de la vérité, au moins pour les couches supérieures de l'atmosphère, mais ne peut pas influer sur le rapport des deux intégrales définies d'une manière appréciable. Elles deviennent alors

$$\left(\delta\sqrt{1-\frac{\sin^2\alpha}{\delta^2}}+\cos\alpha-\alpha\sin\alpha+\frac{\alpha\sin\alpha}{\delta}\mp l\delta\cos\alpha\right)\sin^3\alpha;$$

en remarquant que δ est très-grand, elles se réduisent à

$$[\delta-\alpha\sin\alpha\mp\cos\alpha\,(l\delta+1)]\sin^3\alpha.$$

Les valeurs de ces deux sommes ne diffèrent que par le signe du dernier terme, qui est très-petit relativement au premier, et leur rapport s'éloigne peu de l'unité. On peut du reste supposer α variable, et par une nouvelle intégration obtenir de nouvelles sommes prises entre les limites zéro et une valeur déterminée de α.

Ce calcul, qui n'offre aucune difficulté, conduit encore à reconnaître que les quantités de lumière polarisée dues à l'illumination des rayons réfléchis et envoyées au point O, dans les directions opposées OS et OH, sont sensiblement les mêmes.

L'inégalité de hauteur des deux points neutres ne tient donc pas à la cause que j'avais supposée. Il est vrai que le calcul précédent est loin de tenir compte de toutes les circonstances du phénomène : il faudrait supposer l'œil dirigé vers un point neutre. En un point donné de cette direction, les rayons réfléchis sous un angle déterminé qui y passent forment un cône où la lumière a plus d'intensité dans les parties latérales que dans les parties supérieures et inférieures. Chaque rayon est polarisé par la réflexion qu'il a subie dans un plan déterminé. L'illumination qui en résulte est donc un phénomène très-complexe. J'ai encore essayé d'appliquer le calcul, en tenant compte de ces nouvelles conditions; il est plus laborieux, mais donne aussi des intégrales définies dont on peut trouver la valeur. Il conduit aux mêmes conclusions. Sans y insister davantage, il suffit de remarquer que, l'intensité de la lumière diffusée par une molécule aérienne illuminée variant en raison inverse du carré de sa distance à l'observateur, c'est là l'influence qui prédomine dans le calcul et annihile en quelque sorte toutes les autres.

La vraie cause de l'inégale hauteur des deux points neutres réside sans doute dans ce fait, que l'œil dirigé vers le point neutre de Babinet reçoit une grande quantité de lumière ayant subi une ou plusieurs réflexions sous de grandes incidences, et par cela même polarisée dans un plan vertical. Cette lumière réfléchie s'ajoute à l'illumination due aux rayons directs, et par suite la polarisation horizontale déterminée par les rayons réfléchis latéralement ne peut détruire la polarisation verticale à une aussi grande hauteur au-dessus de l'horizon.

Fig. 3.

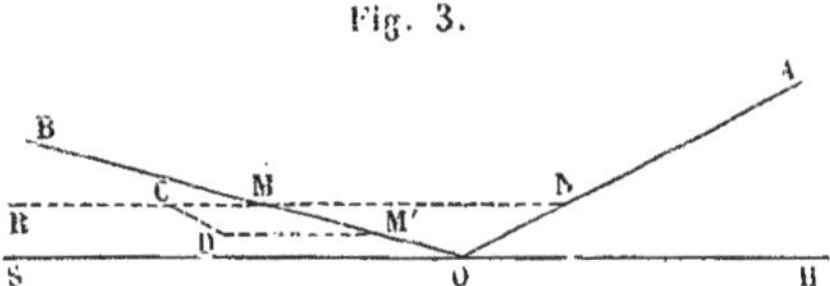

Le Soleil étant en S (*fig.* 3) à l'horizon et l'observateur visant le point neutre de Babinet B reçoit des rayons réfléchis une fois, tels que RMO, ou deux fois, comme RCDM'O, tandis que, dans la direction du point neutre d'Arago OA, les rayons tels que RN sont réfléchis sous une incidence presque normale et après avoir été affaiblis en traversant une épaisse couche atmosphérique. Ces rayons ne peuvent donc produire sur l'œil de l'observateur un effet bien sensible.

Cet essai de théorie des points neutres me semble justifié par toutes les particularités qui accompagnent le phénomène de la polarisation atmosphérique. La hauteur des deux points neutres est variable, et quelquefois même le point neutre de Babinet n'est pas bien défini. Lorsque le ciel est en partie voilé par des nuages, le point d'Arago est rejeté en dehors de l'azimut solaire, du côté opposé à la partie nébuleuse. La théorie que je propose explique toutes ces circonstances, et l'on voit que la réflexion et la réfraction n'y interviennent en général que pour changer la direction des rayons solaires, sans être en aucune manière la cause efficiente de la polarisation aérienne.

Illumination des corps opaques ou diffusion extérieure.

Les effets variés que l'on observe lorsque la surface mate d'un corps opaque est éclairée par un faisceau de rayons solaires, neutre ou polarisé, conduisent à identifier la diffusion extérieure avec l'illumination des corps transparents, laquelle peut être envisagée aussi comme une diffusion intérieure.

Un premier mode d'expérimentation consiste à diriger sur la surface mate du corps le spectre ordinaire d'un prisme de spath d'Islande, dont les arêtes sont parallèles ou perpendiculaires à l'axe optique du cristal. La lumière solaire émanée d'une fente étroite traverse une lentille achromatique et émerge ensuite du prisme complétement polarisée.

Les rayons du spectre rencontrent la surface du corps suivant une direction normale ou oblique, mais toujours de manière à obtenir les raies spectrales avec netteté. La lumière incidente est alors diffusée dans tous les sens, et reste visible quelle que soit la direction suivant laquelle on observe. En l'analysant avec un nicol, on reconnaît que, si la substance est blanche, la dépolarisation est à peu près complète; dans ce cas, la diffusion est un phénomène de fluorescence isochromatique. Chaque rayon polarisé du spectre excite la vibration des molécules superficielles du corps; celles-ci vibrent à l'unisson du rayon incident et émettent de la lumière neutre de même couleur et d'une intensité proportionnelle. Le plâtre, la chaux, la baryte hydratée, l'alumine, la céruse, la fécule, les résines réduites en poudre fine, telles que le copal, etc., donnent tous le même résultat. Remarquons cependant que quelques-unes de ces substances possèdent une légère fluorescence quinique et s'illuminent faiblement en bleu ou vert pâle sous l'influence des rayons ultra-violets; l'oxyde de zinc en est un exemple.

Pour obtenir une surface bien mate, le corps est réduit en poudre impalpable et comprimé dans une auge rectangulaire avec un plan d'acier ou d'agate bien poli. On peut aussi le réduire en pâte claire, avec un liquide volatil dans lequel il n'est pas soluble, et l'étendre en couche uniforme sur du plâtre moulé dans un cadre de bois à la surface d'une glace, et qui présente alors une surface bien unie.

Si le corps qui reçoit le spectre ordinaire du spath est coloré, l'analyse polariscopique des rayons diffusés montre que la polarisation est partielle; quelques-unes des couleurs du spectre prennent un vif éclat : ce sont celles qui dominent dans la couleur propre du corps, et le nicol les affaiblit moins que toutes les autres, dont la polarisation est presque complète. C'est ainsi que dans le cinabre, le minium, le bi-iodure de mercure, le rouge et l'orangé dominent; l'analyseur diminue peu leur intensité, tandis qu'il éteint presque complétement les couleurs les plus réfrangibles. Les corps colorés en bleu, tels que l'outremer, l'indigo, les sels de cobalt, donnent des résultats inverses. La diffusion, dans ce cas, résulte de deux effets distincts : une partie de la lumière incidente est absorbée par la couche superficielle du corps et développe une fluorescence, en général, isochromatique. L'autre partie éprouve une sorte de réflexion moléculaire qui constitue la véritable diffusion. La polarisation du rayon incident y est conservée; l'intensité du rayon diffusé et l'orientation du plan de polarisation indiquent un phénomène identique à celui que nous offrent les corps transparents illuminés; c'est une simple propagation en tous sens du mouvement lumineux incident, de telle sorte que, suivant une direction donnée, la vibration de l'éther dans le rayon diffusé est toujours la projection du mouvement vibratoire incident. Chaque couleur est d'ailleurs diffusée en proportion constante, et la superposition de tous les rayons diffusés reproduirait de la lumière blanche.

Il n'en est pas de même des rayons disséminés par la fluorescence; leur intensité, pour les corps colorés, est toujours une fraction variable de celle des rayons incidents, quand on passe d'une couleur à une autre. La superposition de ces rayons fluorescents, dépourvus de polarisation et possédant les propriétés de la lumière naturelle, reproduit une teinte mixte qui représente, en général, la véritable couleur propre du corps.

Ces particularités se vérifient, en éclairant la surface du corps par un faisceau de rayons solaires légèrement concentrés par une lentille achromatique à long foyer, et polarisés par un prisme biréfringent. La couleur propre du corps est alors lavée de blanc ; mais, au travers de l'analyseur convenablement orienté, les rayons blancs s'éteignent, et le corps apparait avec sa couleur propre, vive et pure. Cette couleur, il faut bien le reconnaître, n'est pas toujours identique à celle du corps directement éclairé par la lumière atmosphérique. C'est qu'en effet, dans les corps colorés, la diffusion lumineuse n'est pas un phénomène aussi simple que je viens de le supposer. Indépendamment de la lumière diffusée et de la fluorescence, il y a aussi une réflexion spéculaire sur les petites facettes diversement inclinées que présentent le saspérités de la surface; et cette réflexion, qui, pour certaines couleurs, se produit avec tous les caractères de la réflexion métallique, intervient dans la couleur propre du corps; c'est pour cela que certaines matières colorantes dérivées des alcaloïdes du goudron, le bleu de Prusse, l'indigo, etc., éclairées par la lumière polarisée et observées au travers de l'analyseur, ont souvent une teinte bien différente de celle qu'elles présentent, quand on les éclaire avec la lumière naturelle.

Les corps noirs, tels que le noir de fumée, l'oxyde de cuivre, le sulfure de mercure obtenu par précipitation, le noir d'aniline, etc., diffusent le spectre à la manière des corps colorés; mais la fluorescence développée par les rayons incidents est isochromatique est sensiblement égale pour tous les rayons lumineux; de telle sorte que la superposition de tous les rayons diffusés par la fluorescence reproduit une partie de la lumière blanche incidente. La fluorescence y est faible, et la lumière véritablement diffusée qui a conservé la polarisation est relativement intense. L'absence de toute trace de coloration dans la lumière que diffusent les corps noirs éclairés par un faisceau de lumière blanche polarisée et faiblement concentrée par une lentille achromatique donne aux phénomènes de diffusion une grande netteté, et permet une détermination assez précise de l'intensité et de l'orientation du plan de polarisation des rayons diffusés. Le noir de fumée, lorsqu'il est déposé par la flamme du gaz sur une surface polie, n'a pas de pouvoir réflecteur appréciable, si ce n'est pour de grandes incidences, et il se prête à des mesures rigoureuses.

Supposons la plaque enfumée verticale, et éclairons-la par un faisceau horizontal polarisé. Admettons, en outre, que l'observation ne porte que sur les rayons diffusés dans un plan horizontal, passant par l'axe du faisceau incident. Soient OL (*fig.* 4) l'axe du faisceau incident; OA la trace horizontale d'un plan normal à OL; OB une droite située dans ce plan qui représente la direction de la vibration dans le rayon polarisé incident, et OC, dans le plan LOA, la direction du rayon diffusé reçu par l'œil de l'observateur. Posons $COL = \omega$, $AOB = \gamma$.

Si l'on admet que la diffusion extérieure suit les mêmes lois que la diffusion intérieure dans les corps transparents, la vibration de l'éther dans le rayon diffusé sera la projec-

Fig. 4.

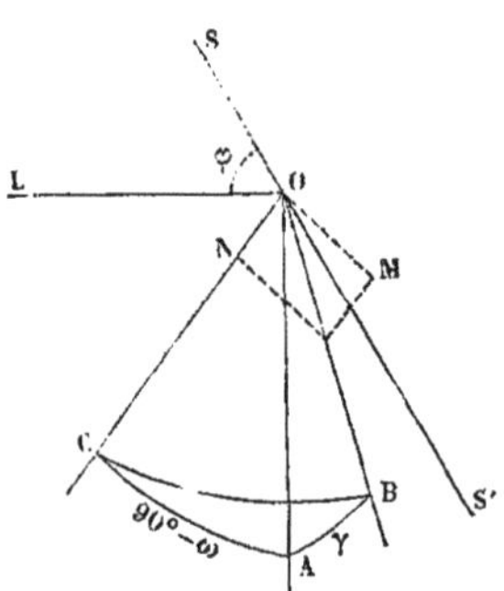

tion du mouvement incident. La vibration dirigée suivant OB dans le rayon incident se décompose en deux autres : ON, dirigée suivant OC, qui ne produira aucun effet lumineux, et OM perpendiculaire à OC. L'intensité du rayon diffusé suivant OC sera proportionnelle au carré de OM. En désignant par I cette intensité et par K une constante, on aura, en posant $COB = \alpha$,

$$I = K \sin^2\alpha;$$

α est l'hypoténuse du triangle sphérique rectangle ABC et sera déterminé par la relation

$$\cos\alpha = \sin\omega \cos\gamma.$$

Remarquons que l'intensité absolue du rayon diffusé

3.

dépend de l'inclinaison de la surface illuminée sur sa direction. Admettons que cette surface SS' reste verticale et fasse avec le rayon incident un angle φ. L'intensité du rayon diffusé variera en raison inverse de la projection d'un élément de la surface enfumée sur un plan normal au rayon diffusé. L'intensité de ce rayon aura donc pour expression

$$(1) \qquad I = \frac{K \sin^2\alpha}{\sin(\varphi + \omega)} = \frac{K(1 - \sin^2\omega \cos^2\gamma)}{\sin(\varphi + \omega)}.$$

Quant à l'orientation du plan de polarisation du rayon diffusé, elle est déterminée par la valeur de l'angle C dans le triangle sphérique ABC; c'est l'angle que fait ce plan avec le plan vertical passant par le rayon diffusé. Il se déduit de la relation

$$(2) \qquad \cos\omega \operatorname{tang} C = \operatorname{tang}\gamma.$$

Pour déterminer, par l'expérience, la valeur de l'angle C et la comparer à celle qu'on calcule à l'aide de la formule précédente, on vise la surface illuminée au travers d'un nicol mobile au centre d'un cercle gradué et précédé d'un biquartz à deux rotations, donnant la teinte sensible, lorsque le plan de polarisation de la lumière diffusée coïncide avec la section principale de l'analyseur. Le support de cet analyseur est mobile sur un cercle gradué horizontal dont le centre est sur la verticale du point d'intersection de l'axe du faisceau lumineux et de la surface du corps. Ce cercle sert à mesurer avec précision la valeur de l'angle ω. Le polariseur est aussi au centre d'un cercle gradué qui mesure l'angle γ. Voici quelques résultats obtenus avec le noir de fumée :

	γ	C (trouvé).	C (calculé).	Différence.
	°	° '	° '	° '
$\omega =$ 30°	15°	17.5	17.12	−0.7
$=$ 15	30	33.19	33.42	−0.23
»	45	48.36	49.6	−0.30
»	60	63.10	63.26	−0.16

	γ	C (trouvé).	C (calculé).	Différence.
$i=$ 15°	75°	76°.50′	76°.56′	−0°.6′
$\omega=$ 45	15	20.28	20.45	−0.17
$i=$ 22.30′	30	38.40	39.14	−0.34
»	45	54.18	54.44	−0.26
»	60	67.36	67.48	−0.12
»	75	78.53	79.16	−0.23
$\omega=$ 60	15	26.42	28.11	−1.29
$i=$ 30	30	47.35	49.6	−1.31
»	45	62.27	63.26	−0.59
»	60	73.18	73.54	−0.36
»	75	81.40	82.22	−0.42
$\omega=$ 75	15	42.21	46	−3.39
$i=$ 37.30	30	63.18	65.51	−2.33
»	45	73.40	75.29	−1.49
»	60	80.30	81.30	−1
»	75	85.33	86.2	−0.29
$\omega=$ 80	15	52.45	57.3	−4.18
$i=$ 40	30	71	73.16	−2.16
»	45	79.4	80.9	−1.5
»	60	83.12	84.16	−1.4
»	75	86.39	87.20	−0.41
$\omega=$ 90	15	85.28	90	−4.32
$i=$ 45	30	87.27	90	−2.33
»	45	88.40	90	−1.20
»	60	89.24	90	−0.36
»	75	89.30	90	−0.30
$\omega=$ 100	15	62.5	57.3	+5.2
$i=$ 50	30	76.42	73.16	+3.26
»	45	82.6	80.9	+1.57
»	60	85.22	84.16	+1.6
»	75	87.55	87.20	+0.35
$\omega=$ 105	15	51.15	46	+5.15
$i=$ 52.30	30	70.34	65.51	+4.43
»	45	78.32	75.29	+3.3
»	60	83.20	81.30	+1.50
»	75	86.44	86.2	+0.42

	γ	C (trouvé).	C (calculé).	Différence.
ω = 110	15°	41°.55′	38°.5′	+3°.50′
i = 55	30	62.55	59.21	+3.34
»	45	73.57	71.7	+2.50
»	60	80.24	78.50	+1.34
»	75	85.24	84.45	+0.29
ω = 115	15	35.37	32.23	+3.14
i = 57.30	30	57	53.48	+3.12
»	45	69.30	67.5	+2.25
»	60	78.6	76.17	+1.49
»	75	84.18	83.32	+0.46
ω = 120	15	30.18	28.11	+2.7
i = 60	30	51.45	49.6	+2.39
»	45	65.18	63.26	+1.52
»	60	74.52	73.54	+0.58
»	75	83.8	82.22	+0.46
ω = 135	15	22	20.45	+1.15
i = 67.30	30	40.48	39.14	+1.34
»	45	56.32	54.44	+1.48
»	60	69.9	67.48	+1.21
»	75	79.51	79.16	+0.35
ω = 150	15	18	17.12	+0.48
i = 75	30	34.17	33.42	+0.35
»	45	49.50	49.6	+0.44
»	60	64.10	63.26	+0.44
»	75	77.37	76.56	+0.41

Malgré quelques erreurs d'observation, qu'il m'eût été possible d'éviter avec un appareil mieux approprié, la comparaison de la valeur trouvée à la valeur calculée conduit à cette conséquence : que le noir de fumée lui-même est doué d'un faible pouvoir réflecteur, et que la lumière diffusée y est toujours mélangée à une petite proportion de lumière réfléchie spéculairement par les aspérités de la surface.

Remarquons, en effet, que la différence entre la valeur

de C, déduite de l'observation, et celle calculée par la formule (2), est d'abord négative et augmente avec l'angle ω, pour devenir ensuite positive quand ω est supérieur à 90 degrés. Cette différence positive se maintient assez élevée tant que l'angle ω est inférieur à 115°, et elle décroît après régulièrement. D'un autre côté, pour une valeur constante de ω, c'est-à-dire quand la réflexion spéculaire a lieu sous une incidence constante égale à $\frac{\omega}{2}$, cette différence, qui est nulle quand $\gamma = 0°$, croît avec γ jusqu'à une certaine limite, passe par un maximum, et redevient nulle lorsque $\gamma = 90°$.

La lumière réfléchie par le noir de fumée agit à la fois par son intensité et par l'orientation de son plan de polarisation pour modifier la valeur de l'angle C, qui détermine le plan de polarisation du rayon diffusé. Pour discuter cette double influence, il eût été préférable d'adopter une autre notation et de remplacer les angles C et γ par leurs compléments, qui représentent alors les angles que font les plans de polarisation de la lumière diffusée et de la lumière incidente avec le plan de réflexion, qui est aussi en même temps le plan de diffusion. Mais, pour ne rien changer aux tableaux déjà établis, je me contenterai provisoirement de cette observation et je continuerai à employer la même notation.

Si l'on admet que la réflexion de la lumière polarisée s'opère sur les aspérités du noir de fumée suivant les mêmes lois que sur une surface vitreuse polie, l'intensité de la lumière réfléchie sous une incidence déterminée par la valeur $i = \frac{\omega}{2}$ sera représentée par la formule

$$\frac{\sin^2(i-r)}{\sin^2(i+r)}\sin^2\gamma + \frac{\tan^2(i-r)}{\tan^2(i+r)}\cos^2\gamma.$$

On ne connaît pas, il est vrai, l'indice de réfraction du

noir de fumée, mais on peut le déduire approximativement de l'angle de polarisation maximum. Le noir de fumée déposé par la vapeur d'essence de térébenthine, dans un tube de porcelaine verni et chauffé au rouge, se détache en lamelles brillantes qui reproduisent le poli de l'émail et permettent de mesurer l'angle de polarisation maximum. Le charbon de bois présente aussi des cassures fraîches assez brillantes qui peuvent servir à la même détermination. La moyenne des résultats obtenus donne un angle d'environ 57°30′, ce qui conduit à admettre pour l'indice de réfraction une valeur moyenne de 1,57.

Cherchons maintenant à reconnaître comment varie le rapport de l'intensité de la lumière réfléchie exprimée par la formule précédente à l'intensité de la lumière diffusée, représentée par le numérateur de la formule (1); le dénominateur qui affecte cette intensité disparaît dans la valeur du rapport, car il modifie à la fois et de la même manière les intensités des deux lumières; en le désignant par R, on aura

$$R = \frac{a^2 \sin^2 \gamma + b^2 \cos^2 \gamma}{K(1 - \sin^2 2i \cos^2 \gamma)}.$$

a^2 et b^2 représentent les intensités du rayon réfléchi préalablement polarisé dans le plan d'incidence et dans un plan perpendiculaire. Le numérateur de ce rapport peut se mettre sous la forme $(a^2 - b^2)\sin^2\gamma + b^2$. Comme on a toujours, quelle que soit l'incidence, $a^2 - b^2 > 0$, on voit que le numérateur croît d'une manière continue de $\gamma = 0°$ à $\gamma = 90°$, pour une valeur déterminée de i; il en est de même du dénominateur : le rapport lui-même doit donc croître ou décroître d'une manière continue, pour une valeur déterminée de l'incidence, de $\gamma = 0°$ à $\gamma = 90°$. Si l'on fait $\gamma = 0°$, il devient $R' = \frac{b^2}{K \cos^2 2i}$; pour $\gamma = 90°$, il se réduit à $R'' = \frac{a^2}{K}$.

R sera donc croissant ou décroissant suivant que la différence

$$R' - R'' = \frac{b^2 - a^2 \cos^2 2i}{K \cos^2 2i}$$

sera négative ou positive. En exprimant a^2 et b^2 en fonction de l'angle i et de l'indice de réfraction, le numérateur de cette différence peut se mettre sous la forme

$$4(n^2-1)^2 \sin^2 i \cos i (\cos i - \sqrt{n^2 - \sin^2 i})(\sin^4 i - \cos^3 i \sqrt{n^2 - \sin^2 i}).$$

i variant de o à 90 degrés et n étant > 1, on voit que le signe de cette expression dépend de celui du dernier facteur : elle sera positive ou négative suivant que ce facteur sera lui-même négatif ou positif. La valeur de i, à partir de laquelle ce facteur change de signe, est déterminée par l'équation suivante :

$$\sin^4 i = \cos^3 i \sqrt{n^2 - \sin^2 i};$$

en posant $\sin^2 i = x$, elle devient

$$(3) \quad (n^2+3)x^3 - 3(n^2+1)x^2 + (3n^2+1)x - n^2 = 0.$$

Si l'on pose $n = 1,57$, valeur approximative de l'indice de réfraction déduite de l'angle de polarisation maximum du noir de fumée, cette équation a une racine réelle positive < 1, et dont la valeur approchée est

$$x = 0,59437,$$

d'où

$$i = 50°26'5'', \quad \omega = 100°52'10''.$$

En différentiant la valeur de R par rapport à γ considérée comme seule variable, on est conduit à la même équation, et l'on reconnaît aisément, d'une autre manière, qu'elle détermine pour x une valeur minimum.

Il en résulte que l'influence de la réflexion diminue lorsque γ varie de o à 90 degrés, tant que l'angle ω est inférieur à 100 degrés, et qu'elle augmente, au contraire, si ω est supérieur à 100 degrés.

L'écart observé entre la valeur de l'angle C que détermine l'expérience et celle qu'on déduit de la formule théorique dépend bien plus de l'orientation du plan de polarisation du rayon réfléchi que de son intensité et, par conséquent, de la valeur de l'angle que font entre eux les plans de polarisation du rayon réfléchi et du rayon diffusé. Représentons par A le complément de l'angle γ, et par A″ celui de l'angle C.

Les angles A′ et A″ que font les plans de polarisation du rayon réfléchi et du rayon diffusé, avec le plan de réflexion, seront donnés par les deux équations

$$\operatorname{tang} A'' = \cos 2i \operatorname{tang} A, \quad \operatorname{tang} A' = \operatorname{tang} A \frac{\cos(i+r)}{\cos(i-r)}.$$

La première de ces deux équations n'est autre que l'équation (2), dans laquelle γ est remplacé par $90° - A$, ω par $2i$, et C par $90° - A''$; la seconde est la formule connue de Fresnel.

Observons d'abord que, si l'on pose $i = 45°$, on a $A'' = A$. Le plan de polarisation du rayon diffusé se confond alors avec le plan d'incidence. En supposant $i > 45°$, A″ change de signe; le plan de polarisation du rayon diffusé passe de l'autre côté du plan d'incidence, tandis que l'angle A′ se compte encore du même côté, et ne change de signe que lorsque l'on a $i + r > 90°$, c'est-à-dire $i > 57° 30'$; on doit donc trouver une valeur de i intermédiaire entre 45 degrés et 57° 30′, pour laquelle les angles A′ et A″ sont égaux et de signe contraire; en exprimant cette condition au moyen des équations précédentes, on retombe sur l'équation (3) et, par suite, sur la même valeur de l'angle i qui détermine le minimum du rapport entre l'intensité du rayon réfléchi et celle du rayon diffusé.

Appelons θ l'angle que font entre eux les plans de polarisation de ces deux rayons, on aura

$$\theta = A' - A'',$$

$$\text{tang}\,\theta = \frac{\text{tang}\,A' - \text{tang}\,A''}{1 + \text{tang}\,A'\,\text{tang}\,A''} = \frac{\text{tang}\,A\,[\cos(i+r) - \cos 2i \cos(i-r)]}{\text{tang}^2 A \cos 2i \cos(1+r) + \cos(i-r)}.$$

Posons

$\cos(i+r) - \cos 2i \cos(i-r) = a$, $\cos 2i \cos(1+r) = b$, $\cos(i-r) = c$,

il vient

$$\text{tang}\,\theta = \frac{a\,\text{tang}\,A}{c + b\,\text{tang}^2 A}.$$

Quand on donne à l'angle A les valeurs extrêmes o et 90 degrés, l'angle θ est nul et doit passer par un maximum pour une valeur intermédiaire de A. On obtient cette valeur en prenant la dérivée de tang θ par rapport à tang A considérée comme seule variable; on a

$$\frac{d\,\text{tang}\,\theta}{d\,\text{tang}\,A} = \frac{a\,(c - b\,\text{tang}^2 A)}{(c + b\,\text{tang}^2 A)^2}.$$

Cette dérivée s'annule quand on pose

$$\text{tang}^2 A = \frac{c}{b} = \frac{\cos(i+r)}{\cos 2i \cos(i+r)}.$$

On en déduit la valeur de A ou de son complément γ qui, pour une valeur déterminée de i, rend θ maximum. Toutefois, remarquons que le premier membre de cette expression est essentiellement positif, et que le second membre doit l'être aussi, ce qui exige que i soit inférieur à 45 degrés ou supérieur à l'angle de polarisation maximum. Pour l'une ou l'autre de ces deux valeurs de i, tangA devient infinie, et il en est de même de tang θ, c'est-à-dire que pour ces deux valeurs limites la valeur de A qui rend θ maximum est égale à 90 degrés et θ est alors un angle droit.

Lorsque l'angle i a une valeur intermédiaire entre 45 degrés et 57°30', la valeur de tang² A qui détermine le maximum doit être prise en signe contraire, soit égale à $-\frac{b}{c}$. Mais la valeur de A qu'on détermine ainsi ne donne pas le véritable maximum analytique de θ, lequel est alors égal à 180 degrés; c'est tout simplement la valeur qui annule le dénominateur de tangθ et la rend infinie; d'où l'on conclut qu'à une valeur de i comprise entre ces deux limites et pour laquelle les plans de polarisation du rayon réfléchi et du rayon diffusé sont situés de part et d'autre du plan d'incidence correspond toujours une valeur de A qui rend ces deux plans perpendiculaires l'un à l'autre : il en résulte que c'est lorsque ω est compris entre 90 et 115 degrés que la réflexion détermine le plus grand écart entre la valeur théorique de l'angle C ou de son complément A″ et celle que donne l'expérience.

Pour rendre plus évidente cette conséquence, j'ai calculé au moyen de l'équation précédente, et en supposant toujours l'indice du noir de fumée égal à 1,57, les valeurs de A ou de son complément γ, qui rendent θ maximum absolu ou relatif. J'en ai conclu les valeurs correspondantes de A′ et de A″, et de leur différence algébrique θ. J'inscris ici les nombres correspondant aux diverses incidences pour lesquelles j'ai obtenu les résultats du tableau précédent.

ω	i	γ	A′	A″	θ
30°	15°	41°.39′.48″	45°.46′.35″	44°.13′.25″	1°.33′.10″
45	22.30′	37.08.35	46.58.10	33.01.50	3.56.20
60	30	30.09.21	49.17.04	40.42.56	8.34.08
75	37.30	20.00.20	54.35.29	35.24.31	19.10.58
80	40	15.39.56	58.14.03	31.45.57	26.28.06
90	45	0	90	0	90
100	50	10.33.57	47.02.51	42.57.09	90
105	52.30	13.24.07	29.24.49	60.35.11	90
110	55	8.38.33	23.57.37	66.02.23	90
115	57.30	0	0	90	90
120	60	10.25.54	20.12.36	69.47.08	49.34.32
135	67.30	23.46.50	31.55.48	58.04.12	26.08.04
150	75	33.03	36.55.03	53.04.57	16.09.54

La comparaison de ce tableau avec les déterminations expérimentales du tableau précédent justifie bien l'écart observé entre la valeur trouvée et la valeur calculée de l'angle C. Lorsque i est $< 45°$, la différence $A' - A''$ est positive et d'abord très-faible. La réflexion agit pour éloigner le plan de polarisation du rayon diffusé du plan d'incidence et, par conséquent, pour diminuer l'angle C : c'est en effet ce qu'indique l'expérience. Lorsqu'on a $i > 45°$, la réflexion tend au contraire à rapprocher du plan d'incidence le plan de polarisation du rayon diffusé et, par suite, à augmenter l'angle C, ce qui est encore conforme aux résultats de l'observation. Le tableau précédent montre que le maximum de θ correspond à des valeurs de γ d'autant plus grandes que l'angle i est plus petit ou plus grand et, malgré les erreurs d'observation inhérentes à la méthode employée pour déterminer le plan de polarisation, et celles qui tiennent à l'imperfection de mon appareil, les épreuves expérimentales mettent en évidence cette particularité.

Dans le cas spécial où l'on a $\omega = 90°$, $\gamma = 0°$, l'intensité de la lumière diffusée doit être nulle; c'est ce qu'on observe en effet avec le noir de fumée : il ne donne alors que des traces à peine appréciables de lumière polarisée et présente une teinte blanc jaunâtre, due à la fluorescence, qui indique une absorption relativement plus grande des rayons violets. Le pouvoir réflecteur du noir dépend beaucoup de son mode de préparation; le noir ordinaire délayé dans l'alcool et déposé en couche mince sur une surface plane, après un lavage préalable dans l'éther, qui lui enlève des matières goudronneuses et fluorescentes, possède un pouvoir réflecteur plus grand que celui que dépose sur une surface métallique la flamme du gaz de l'éclairage. Ce dernier lui-même perd peu à peu une partie de son faible pouvoir réfléchissant, par l'évaporation de quelques traces de matières huileuses auxquelles il est mélangé. On accélère cette évaporation en plaçant la surface enfumée dans le vide pneumatique, en présence de l'acide sulfurique concentré : après quarante-huit heures, le noir conserve encore un très-faible pouvoir réflecteur qui reste constant.

Pour vérifier la formule (1), qui exprime l'intensité du rayon diffusé, j'ai fait sur le noir de fumée quelques déterminations photométriques à l'aide de l'appareil décrit plus haut. Les sections principales des deux nicols N et N′ qui reçoivent la lumière de comparaison étant en coïncidence, et l'axe du photomètre dirigé horizontalement vers le centre du cercle d'illumination que produit le faisceau incident, on place la section principale du nicol N″ perpendiculairement au plan de polarisation de la lumière diffusée, et l'on établit l'égalité des lumières en prenant les précautions indiquées précédemment; tournons ensuite le nicol N″ de 90 degrés, la lumière diffusée s'éteindra, et, pour rétablir l'égalité des lumières, il faudra dévier le nicol mobile N d'un angle β.

Supposons d'abord que la ligne de visée ne change pas, c'est-à-dre que l'angle ω reste constant et que γ seul varie. Désignons par f la proportion de lumière neutre mélangée à la lumière diffusée.

L'intensité de la lumière polarisée est représentée par $\frac{K \sin^2 \alpha}{\sin(\varphi + \omega)}$; mais, comme le dénominateur constant $\sin(\varphi + \omega)$ affecte à la fois la lumière neutre et la lumière polarisée, on aura pour deux valeurs distinctes de γ

$$\frac{f + K \sin^2 \alpha}{f} = \frac{1}{\cos^2 \beta}, \quad \frac{f + K \sin^2 \alpha'}{f} = \frac{1}{\cos^2 \beta'}.$$

En éliminant f entre ces deux relations, on en déduit

$$\frac{\sin \alpha}{\sin \alpha'} = \frac{\sqrt{1 - \sin^2 \omega \cos^2 \gamma}}{\sqrt{1 - \sin^2 \omega \cos^2 \gamma'}} = \frac{\tang \beta}{\tang \beta'}.$$

Je transcris, dans le tableau suivant, les observations

faites, en prenant successivement ω égal à 45, 60 et 70 degrés.

$\omega = 45°$.

γ	β	tang		Trouvé.	Calculé.
$\gamma = 0°$	$\beta = 68°.58'$	$\text{tang}\,\beta = 2,600$			
30	$\beta' = 71.26$	$\text{tang}\,\beta' = 2,977$	$\frac{\text{tang}\,\beta}{\text{tang}\,\beta'}$	$= 0,87$	0,895
45	$\beta'' = 72.50$	$\text{tang}\,\beta'' = 3,237$	$\frac{\text{tang}\,\beta}{\text{tang}\,\beta''}$	$= 0,80$	0,816
60	$\beta''' = 74.38$	$\text{tang}\,\beta''' = 3,638$	$\frac{\text{tang}\,\beta}{\text{tang}\,\beta'''}$	$= 0,71$	0,755
90	$\beta^{\text{iv}} = 75.28$	$\text{tang}\,\beta^{\text{iv}} = 3,857$	$\frac{\text{tang}\,\beta}{\text{tang}\,\beta^{\text{iv}}}$	$= 0,67$	0,707

$\omega = 60°$.

γ	β	tang		Trouvé.	Calculé.
$\gamma = 0$	$\beta = 63.\ 3$	$\text{tang}\,\beta = 1,967$			
30	$\beta' = 68.52$	$\text{tang}\,\beta' = 2,587$	$\frac{\text{tang}\,\beta}{\text{tang}\,\beta'}$	$= 0,76$	0,756
45	$\beta'' = 71.26$	$\text{tang}\,\beta'' = 2,977$	$\frac{\text{tang}\,\beta}{\text{tang}\,\beta''}$	$= 0,66$	0,632
60	$\beta''' = 73.35$	$\text{tang}\,\beta''' = 3,394$	$\frac{\text{tang}\,\beta}{\text{tang}\,\beta'''}$	$= 0,58$	0,555
90	$\beta^{\text{iv}} = 75.28$	$\text{tang}\,\beta^{\text{iv}} = 3,857$	$\frac{\text{tang}\,\beta}{\text{tang}\,\beta^{\text{iv}}}$	$= 0,51$	0, 50

$\omega = 70°$.

γ	β	tang		Trouvé.	Calculé.
$\gamma = 0$	$\beta = 51.\ 8$	$\text{tang}\,\beta = 1,241$			
30	$\beta' = 66.23$	$\text{tang}\,\beta' = 2,287$	$\frac{\text{tang}\,\beta}{\text{tang}\,\beta'}$	$= 0,54$	0,588
45	$\beta'' = 69.12$	$\text{tang}\,\beta'' = 2,623$	$\frac{\text{tang}\,\beta}{\text{tang}\,\beta''}$	$= 0,47$	0,457
60	$\beta''' = 74.\ 8$	$\text{tang}\,\beta''' = 3,518$	$\frac{\text{tang}\,\beta}{\text{tang}\,\beta'''}$	$= 0,35$	0,387
90	$\beta^{\text{iv}} = 75.28$	$\text{tang}\,\beta^{\text{iv}} = 3,857$	$\frac{\text{tang}\,\beta}{\text{tang}\,\beta^{\text{iv}}}$	$= 0,32$	0, 34

Les valeurs de β inscrites dans ce tableau représentent les moyennes d'un grand nombre d'observations, parmi lesquelles j'ai écarté les plus discordantes. Celle de β^{iv}, correspondant à la valeur $\gamma = 90°$, est la même pour les trois séries. C'est la valeur moyenne obtenue dans les trois groupes d'observations. Il faut observer, en effet, que lorsque $\gamma = 90^{\circ}$, l'intensité de la lumière diffusée prend une valeur maximum, représentée par le coefficient de diffusion K; on en déduit l'égalité suivante :

$$\frac{K}{f} = \text{tang}^2 \beta^{\text{IV}},$$

c'est-à-dire que l'angle β^{IV} est indépendant de ω : l'observation prouve qu'il en est bien ainsi, car les diverses valeurs de cet angle pour chaque série diffèrent autant entre elles que d'une série à la suivante.

Indépendamment du défaut de précision inhérent aux mesures photométriques, car l'œil ne juge bien de l'égalité des lumières que lorsque leur intensité reste comprise entre certaines limites, ce mode de vérification entraîne à des écarts qui tiennent à la variation rapide de la tangente, lorsque l'angle β dépasse 45 degrés. J'ai essayé une autre épreuve photométrique, en opérant de la manière suivante.

L'égalité des lumières étant établie pour $\gamma = 90^{\circ}$, on tourne le polariseur de 90 degrés, et alors $\gamma = 0$. L'intensité de la lumière diffusée, qui était d'abord représentée par le coefficient K, est réduite à $K \cos^2 \omega$, et, pour rétablir l'égalité photométrique, il faut dévier le nicol mobile N d'un angle δ; on aura alors pour deux valeurs distinctes de ω, en désignant toujours par f la proportion de lumière neutre mélangée à la lumière diffusée,

$$\frac{f + K \cos^2 \omega}{f + K} = \cos^2 \delta, \quad \frac{f + K \cos^2 \omega'}{f + K} = \cos^2 \delta',$$

d'ou l'on déduit l'égalité suivante :

$$\frac{\sin \omega}{\sin \omega'} = \frac{\sin \delta}{\sin \delta'}.$$

Voici les valeurs de δ correspondant à trois valeurs

distinctes de ω; elles représentent les moyennes de plus de vingt observations assez concordantes :

$$\omega = 45^\circ \quad \delta = 42^\circ.57' \quad \sin\delta = 0,68136$$
$$\omega = 60 \quad \delta' = 54.56 \quad \sin\delta' = 0,81848$$
$$\omega = 70 \quad \delta'' = 62.14 \quad \sin\delta'' = 0,88485$$

on en tire

	Calculé.		Calculé.
$\dfrac{\sin\delta}{\sin\delta'} = 0,832...$	0,821,	$\dfrac{\sin\delta}{\sin\delta''} = 0,77...$	0,752.

Ces résultats sont assez approchés pour justifier la théorie de la diffusion que je viens d'exposer.

Pour compléter l'identité des phénomènes de diffusion lumineuse que nous offrent les corps opaques et les corps transparents, illuminons le noir de fumée avec un faisceau de lumière naturelle; la vibration incidente sera représentée par le cercle enveloppe des ellipses à orientation variable qui composent le mouvement de la particule éthérée dans la lumière naturelle, et le mouvement de l'éther sur le rayon diffusé n'étant autre chose que la projection de ce cercle, ce rayon devra contenir une quantité de lumière polarisée proportionnelle à $\sin^2\omega$: elle sera maximum quand on vise la surface illuminée dans une direction normale au rayon incident. Le plan de polarisation sera déterminé par l'axe du faisceau incident et la ligne de visée : c'est ce que l'expérience vérifie en opérant comme je l'ai indiqué plus haut pour les corps transparents. Ce résultat est encore une confirmation de l'hypothèse de Fresnel sur la direction du mouvement vibratoire dans un rayon polarisé. L'inclinaison du rayon incident sur la surface enfumée n'exerce aucune influence sur le phénomène, et il rencontre cette surface sous une incidence presque rasante, que l'on retrouve toujours dans une direction normale au faisceau le maximum de lumière polarisée.

Les corps mats opaques, noirs ou colorés, se comportent à la manière du noir de fumée; mais la diffusion proprement dite y est toujours compliquée du phénomène de la réflexion diffuse, et bien souvent l'influence de la réflexion est prépondérante. Les corps véritablement noirs, comme le charbon très-divisé, sont beaucoup moins nombreux qu'on ne serait porté à le croire; certains précipités chimiques, qui paraissent noirs au moment de leur formation, apparaissent avec une couleur propre bien tranchée, lorsqu'ils sont étalés en couche mince sur le plâtre et desséchés. C'est ainsi que le sulfure et le phosphure de cuivre sont vert brun, les sulfures de plomb et d'argent d'un gris bleuâtre, etc. Parmi ceux qu'on peut considérer comme vraiment noirs et diffusant par conséquent une lumière sensiblement blanche, je ne trouve que le noir d'aniline lorsqu'il a été bien lavé à l'alcool et l'éther qui lui enlèvent une matière colorante violet foncé, le sulfure de mercure obtenu en précipitant le bichlorure de mercure par l'hydrogène sulfuré, l'oxyde noir d'urane, le bioxyde de cuivre obtenu par calcination de l'azotate, le noir de platine, le fer réduit par l'hydrogène, l'arsenic porphyrisé lorsqu'il s'est oxydé au contact de l'air.

Si l'on détermine l'azimut de polarisation du rayon diffusé par ces divers corps, en opérant comme avec le noir de fumée par la méthode du biquartz, on reconnaît que l'angle C est bien inférieur à la valeur C′ calculée par la formule (2), que donnent les lois de la diffusion proprement dite, tant que l'angle ω est inférieur à 90 degrés. La différence diminue quand γ augmente à partir d'une valeur inférieure à 30 degrés, et l'on en tire les mêmes conclusions que pour le noir de fumée relativement à l'influence de la réflexion. Je transcris ici quelques-unes des nombreuses déterminations que j'ai faites.

($\omega = 45°$) $i = 22° 30'$	($\gamma = 30°$) $c =$	Différ. $c' - c$	($\gamma = 45°$) $c =$	Différ. $c' - c$	($\gamma = 60°$) $c =$	Différ. $c' - c$
Bleu de Prusse......	37°16′	1°58′	52°10′	2°35′	65°49′	1°59
Sulfure de cuivre...	36.21	2.53	52	2.45	65.43	2.05
Phosphure de cuivre.	35.06	4.08	52.12	2.33	66	1.48
Verre noir dépoli...	36.12	3.02	52.17	2,28	66.09	1.39
Noir d'aniline......	34.30	4.44	50,21	4.24	64.16	3.32
Sulfure de mercure.	34.45	4.29	50.15	4.30	64.27	3.21
Oxyde de cuivre....	33.20	5.54	49.52	4.53	64.12	3.36

($\omega = 60°$) $i = 30°$	($\gamma = 30°$) $c =$	Différ. $c - c$	($\gamma = 45°$) $c =$	Différ. $c' - c$	($\gamma = 60°$) $c =$	Différ. $c' - c$
Bleu de Prusse......	44°03′	5°04′	59°08′	4°18′	71°10′	2°44′
Sulfure de cuivre...	42.36	6.31	59.30	3 56	71.08	1.46
Phosphure de cuivre.	39.19	9.48	57.24	6.02	71.06	2.48
Verre noir dépoli...	41.06	8.01	57.48	5.38	70,26	3.28
Noir d'aniline......	40	9.07	56.18	7.08	67.40	6.14
Sulfure de mercure.	40.19	8.48	56	7.26	69.16	4.38
Oxyde de cuivre....	36.55	12.12	54.27	8.59	67.56	5.58

Les valeurs relatives au verre noir dépoli inscrites dans le tableau précédent sont supérieures à celles que donne la face polie, lesquelles d'ailleurs satisfont assez bien à la formule de Fresnel, en y supposant l'indice de réfraction égal à 1,53; elles restent supérieures, même lorsque la face dépolie se présente au rayon sous l'incidence spéculaire, ce qui prouve bien l'influence de la diffusion.

L'intervention des rayons réfléchis dans le phénomène de la diffusion lumineuse des surfaces mates s'apprécie plus nettement encore, lorsqu'on observe la surface illuminée, dans une direction normale au rayon incident, c'est-à-dire quand $\omega = 90°$. Si, en même temps, $\gamma = 0$, l'intensité de la lumière diffusée devient nulle, et le polariscope ne doit accuser aucune trace de lumière polarisée. Pour des valeurs de γ différentes de zéro, le plan de polarisation de la lumière diffusée doit rester horizontal, et c'est le résultat qu'on obtient avec le noir de fumée : avec tous les autres corps, le plan de polarisation varie avec γ, et, quand cet angle est nul, il reste encore une forte proportion de lumière polarisée due à la réflexion. Il ne s'agit pas ici, bien entendu, de la réflexion spéculaire qui s'opère sur une surface polie, considérée comme une surface géométrique, mais d'une réflexion régulière sur les facettes que présentent les aspérités superficielles et qui sont normales à la bissectrice de l'angle formé par le rayon incident et le rayon diffusé. Je cite quelques valeurs de l'angle c, obtenues dans ce cas particulier pour lequel il devrait, sous l'influence seule de la diffusion, rester invariable et égal à 90 degrés.

$\omega = 90^\circ$, $i = 45^\circ$.

	$\gamma = 30^\circ$.	$\gamma = 45^\circ$.	$\gamma = 60^\circ$.
Noir de fumée.......	$c = 87^\circ.48'$	$c = 88^\circ.40'$	$c = 89^\circ.24'$
Phosphure de cuivre..	»	$= 85.10$	$= 87.15$
Sulfure de cuivre.....	$= 78.2$	$= 83.2$	$= 95.51$
Indigo.............	$= 71.58$	$= 80.54$	$= 85.5$
Bleu de Prusse......	$= 73.45$	$= 81.14$	$= 84.5$
Sulfure de mercure...	$= 68$	$= 78.32$	$= 83.23$
Verre noir mat......	$= 63.5$	$= 75$	$= 81.36$
Verre noir poli......	$= 60.10$	$= 71.54$	$= 79.24$
Noir d'aniline.......	$= 60.20$	$= 72.32$	$= 80$
Fer réduit.........	$= 58.8$	$= 71.54$	$= 79.57$
Oxyde de cuivre.....	$= 57.6$	$= 71.3$	$= 79.9$
Oxyde noir d'urane ..	$= 51.27$	$= 67.39$	$= 77.12$
Noir de platine......	$= 44.6$	$= 62.34$	$= 74.9$

Ces déterminations mettent bien en évidence l'influence de la réflexion et prouvent que, le noir de fumée excepté, la réflexion est le phénomène dominant pour la plupart des autres corps; la diffusion est encore assez énergique dans le phosphure et le sulfure de cuivre, comme cela résultait des nombres consignés dans les tableaux précédents.

J'ai inscrit au-dessous les unes des autres les valeurs de l'angle c obtenues avec un verre noir, dont une face était polie avec beaucoup de soin, et l'autre au contraire doucie avec de l'émeri fin. La face doucie a toujours donné des nombres plus élevés que la face polie, même quand on l'inclinait sur le rayon incident de manière à recevoir dans le polariscope le rayon régulièrement réfléchi, auquel cas, cependant, les déviations sont un peu plus faibles que celles inscrites dans le tableau; mais, sauf ce cas particulier, les déviations observées ne changent pas de valeur, si l'on fait varier l'inclinaison de la surface sur le rayon, depuis l'incidence presque normale jusqu'à l'incidence presque rasante; cela prouve bien, pour le dire en passant, que les rayons diffusés par réflexion n'ont en général subi qu'une seule réflexion. Les valeurs de l'angle c obtenues avec le verre noir poli diffèrent bien peu de celles qu'on déduit de la formule de Fresnel, en supposant que l'indice de réfraction soit égal à 1,57; elle donne en effet, pour les vaeurs respectives 30, 45, 60 degrés de l'angle γ, les angles de 60°17′, 71°46′ et 79°15′, qui ne diffèrent que de quelques minutes de ceux que l'expérience a fournis. Il faut en conclure que sur le verre noir poli la diffusion proprement dite est extrêmement faible, comparée à l'intensité du rayon réfléchi. Il n'en est pas de même pour le verre dépoli; la diffusion, dans le cas particulier que j'examine, polarise le rayon diffusé dans le plan de réflexion, et doit augmenter la déviation du plan de polarisation de la lumière réfléchie comme l'indique l'expérience. Si la détermination du plan de polarisation du rayon diffusé par la méthode du biquartz était susceptible d'une plus grande précision, il serait facile, à l'aide des nombres précédents et en appliquant la règle de composition des vitesses, de calculer le rapport de l'intensité de la lumière réfléchie à celle de la lumière diffusée, pour différentes valeurs de γ, et d'en déduire le coefficient de diffusion du verre noir dépoli dont j'ai fait usage; mais la proportion de lumière diffusée par le verre noir est trop faible, et les nombres obtenus n'ont pas assez de précision pour que j'aie pu faire utilement un pareil calcul.

Je ne quitterai pas ce cas particulier de la diffusion sans faire remarquer que le noir de fumée ayant un pouvoir réflecteur presque nul, lorsque $\gamma = 0^\circ$, en même temps que $\omega = 90^\circ$, il ne diffuse qu'une lumière neutre très-faible, d'un blanc jaunâtre, due à la fluorescence. Si l'on fait varier γ, la proportion de lumière polarisée qui se mêle à la lumière neutre varie proportionnellement à $\sin^2\gamma$, et reste polarisée dans un plan horizontal. Il en résulte que si l'on illumine la surface enfumée, convenablement inclinée, avec un faisceau de rayons solaires polarisés dans un plan vertical, et que l'on vise cette surface normalement au faisceau dans un plan horizontal, on n'aperçoit qu'une très-faible illumination due à la fluorescence. En plaçant sur le trajet du faisceau polarisé un quartz perpendiculaire à l'axe, qui disperse les plans de polarisation, le noir de fumée s'illumine vivement avec une teinte colorée très-pure et tout à fait identique à celle que prendrait l'image extraordinaire éteinte d'un prisme biréfringent qui recevrait directement les rayons incidents polarisés. En visant le noir de fumée dans une direction verticale, il présente la teinte complémentaire et, dans toutes les directions inclinées intermédiaires, les diverses colorations que prendrait l'image extraordinaire du biprisme dont la section principale coïnciderait successivement avec ces diverses directions ; c'est-à-dire que dans ce cas la surface enfumée se comporte comme un liquide incolore illuminé, donne comme lui une illumination chromatique et fonctionne comme un véritable analyseur. En remplaçant le quartz perpendiculaire par un quartz parallèle dont la section principale est inclinée à 45 degrés sur le plan de polarisation des rayons incidents, on observe de même les deux teintes complémentaires et l'absence de coloration dans le plan de la section principale de la lame.

Cette expérience est plus décisive et plus concluante encore que les déterminations d'azimuts et d'intensités dont j'ai exposé les résultats, et qui ne comportent pas, les dernières surtout, un degré de précision suffisant pour établir avec autant de netteté la théorie de la diffusion que je viens d'analyser.

En visant la surface illuminée, normalement au rayon incident, on isole la lumière réfléchie de la lumière diffusée. Il est une autre direction critique qui permet d'isoler la lumière diffusée et de la séparer de la lumière réfléchie, c'est lorsque l'angle ω est double de l'angle de polarisation maximum de la substance sur laquelle on opère. Si, en même temps, $\gamma = 0$, c'est-à-dire si le plan de polarisation du rayon incident est perpendiculaire au plan d'incidence, l'œil ne reçoit que la lumière diffusée. Cela suppose, il est vrai, que la réflexion est essentiellement vitreuse, ou que, du moins, la substance n'a qu'un très-faible coefficient d'ellipticité. En admettant que le corps soumis à l'observation fût privé de pouvoir diffusif proprement dit, et que la diffusion fût uniquement due à la réflexion, la lumière diffusée dans cette direction serait neutre et proviendrait exclusivement de la fluorescence. Pour réaliser cette expérience, il faut connaître d'avance avec précision l'angle de polarisation complète du corps dont on étudie la diffusion, et cette condition est rarement remplie; mais on peut, en laissant vertical le plan de polarisation du rayon incident, faire varier graduellement ω entre certaines limites et reconnaître s'il est une direction particulière pour laquelle le rayon diffusé ne donne aucune trace de lumière polarisée. Or j'ai pu vérifier qu'il n'en est jamais ainsi, et que tous les corps noirs ou colorés à surface mate possèdent à divers degrés une diffusion proprement dite. Le verre blanc ou noir dépoli comporte des expériences précises, parce que l'on mesure avec une approximation suffisante son angle de polarisation. J'ai soumis à l'expérience un verre noir, dont j'ai parlé, et dont l'angle de polarisation complète, déterminé directement avec la lumière solaire, était de 57°30'. En prenant $\omega = 115^\circ$ et faisant varier γ, on constatait que la face polie réfléchissait toujours de la lumière polarisée dans un plan horizontal. La face dépolie, au contraire, a donné les nombres suivants, en regard desquels je mets la valeur de l'angle c calculée par la formule de la diffusion.

$\omega = 115^\circ$, $i = 57^\circ.30'$.

γ	c trouvé.	c calculé.	Différences.
15°	55°.24'	32°.23'	23°.1'
30	79.45	53.48	25.57
45	84.51	67.5	17.46
60	87.8	76.17	10.51
75	88.42	83.32	5.10

Pour $\gamma = 0$, la face dépolie donnait encore une forte proportion de lumière polarisée.

Je n'insiste pas davantage sur ces particularités de la diffusion, dont on ne saurait tirer parti qu'à la condition d'une étude préalable de la réflexion spéculaire pour les divers corps dont on veut analyser la diffusion lorsque leur surface est privée de poli. Les essais dont je viens de donner les résultats ont principalement pour but de définir les caractères essentiels de la diffusion lumineuse et d'établir qu'elle constitue un phénomène complexe dans lequel interviennent à la fois : 1° la diffusion proprement dite, régie par les mêmes lois que la diffusion intérieure ou illumination des corps transparents ; 2° la réflexion régulière sur les aspérités de la surface ; 3° la fluorescence.

(Extrait des *Annales de Chimie et de Physique ;* 1876.)

2923 Paris — Imprimerie de GAUTHIER-VILLARS, quai des Augustins, 55.

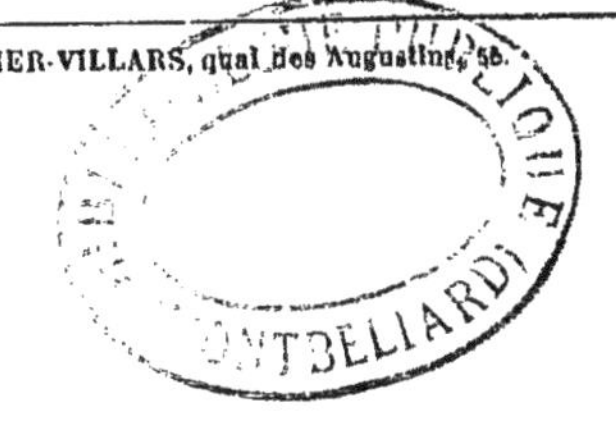

www.ingramcontent.com/pod-product-compliance
Ingram Content Group UK Ltd.
Pitfield, Milton Keynes, MK11 3LW, UK
UKHW021123230726
13926UKWH00002B/625

9 782016 166734